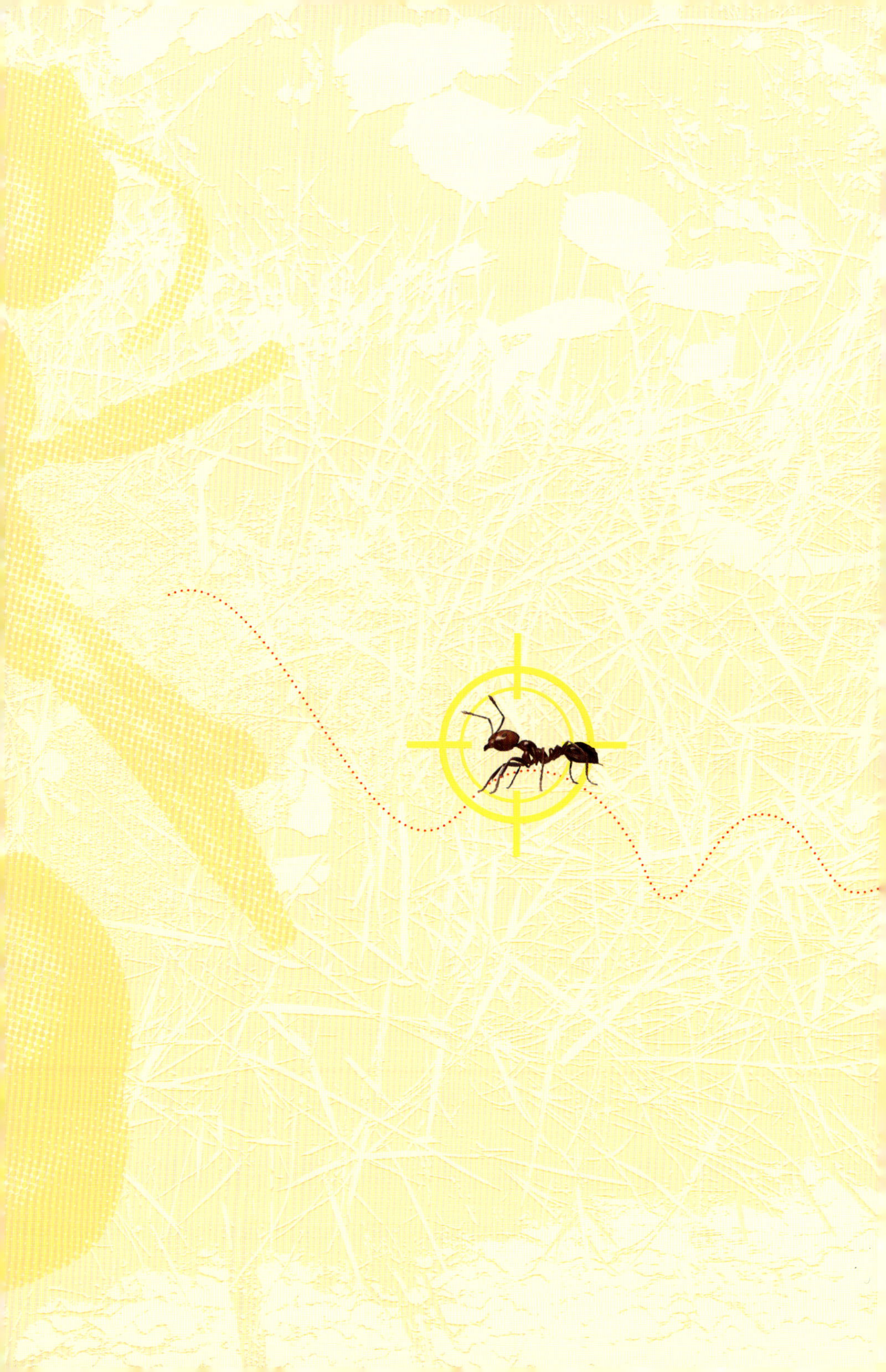

本书由广西科技基地和人才专项（桂科 AD20297089）资助

红火蚁的识别及防控

李家文　莫星煜　文俊程——主编

GUANGXI NORMAL UNIVERSITY PRESS
广西师范大学出版社
·桂林·

HONGHUOYI DE SHIBIE JI FANGKONG
红火蚁的识别及防控

图书在版编目（CIP）数据

红火蚁的识别及防控 / 李家文，莫星煜，文俊程主编. -- 桂林：广西师范大学出版社，2023.12
ISBN 978-7-5598-6605-9

Ⅰ. ①红… Ⅱ. ①李… ②莫… ③文… Ⅲ. ①红蚁—识别 ②红蚁—防治 Ⅳ. ①Q969.554.2

中国国家版本馆 CIP 数据核字（2023）第 238806 号

广西师范大学出版社出版发行
（广西桂林市五里店路 9 号　邮政编码：541004
网址：http://www.bbtpress.com）
出版人：黄轩庄
全国新华书店经销
广西广大印务有限责任公司印刷
（桂林市临桂区秧塘工业园西城大道北侧广西师范大学出版社集团有限公司创意产业园内　邮政编码：541199）
开本：889 mm × 1 240 mm　1/32
印张：2.625　　　　字数：150 千
2023 年 12 月第 1 版　　　2023 年 12 月第 1 次印刷
定价：58.00 元

《红火蚁的识别及防控》编委会

主　编： 李家文　莫星煜　文俊程

副主编： 毛玲莉　蒋振华

编　委： 秦和生　文爱忠　赵庆阳　黄　幸

莫千持　谭海文　王　梓　田云建

古卓建　莫建军　钱　芳　莫毅君

王雁翔　陆冬梅

序

红火蚁是农业、林业和进境植物检疫性有害生物，是全球公认的百种最危险入侵物种之一。目前，红火蚁已经入侵我国南方各省区，对农业、林业生产造成了严重危害，对人们的生活产生了重大影响。认识红火蚁的危害，及时发现红火蚁，对红火蚁进行有效防控，并对红火蚁造成的伤害进行科学救治，很有必要。

我很高兴地获悉，由桂林市农业科学研究中心收集了大量文献资料、结合近年来防控红火蚁的实践经验编写而成的《红火蚁的识别及防控》即将出版。受课题组之邀，我仔细阅读了该书的内容，很受鼓舞。该书介绍了红火蚁的发生特点及危害；通过红火蚁的生物学特征、生活习性及高清晰度的蚁巢和红火蚁个体的照片，向读者介绍了红火蚁的识别方法；还结合近年来编写人员开展的红火蚁防控研究，进行大量的药效试验，因地制宜筛选不同药剂，应用二阶段处理法、新二步防治法防控红火蚁，取得了较好的防治效果的实践经验；介绍了红火蚁的监测、防控和基本救护方法。该书既是课题组开展红火蚁防控研究的成果总结，也有防控红火蚁的具体方法和措施，语言通俗易懂，图文并茂，具有很强的科学性和实用性，是一本具有理论意义和实用价值的读物，可用于普及红火蚁防控知识，也可用于培训基层农业、林业技术人员。

相信该书的出版对全区红火蚁的监测和防控具有积极推动作用。

广西红火蚁防控专家组成员
广西师范大学教授 周善义
2023年7月

前　言

随着我国全球贸易发展和国际物流渠道的多样化，外来生物入侵事件时有发生，防不胜防，部分外来生物已在我国相关领域造成了环境安全、人民健康等方面的多重危害。

红火蚁（*Solenopsis invicta* Buren）作为一种危险性极高、危害性极大的外来入侵生物，已被我国列为进境植物检疫性有害生物和全国农业植物检疫性有害生物。广西壮族自治区2005年首次发现红火蚁入侵，其已对当地人畜健康、农林生产、生态环境、公共设施等诸多方面构成了严重威胁。基于南方温湿气候条件，红火蚁适生性、竞争力和繁殖力强大，在多地呈现扩散速度加快、疫情形势加重的趋势。因此，科学分析研判红火蚁危害现状，提出防控策略，普及防控知识，已显得十分必要而紧迫。

广西壮族自治区人民政府始终坚持以习近平生态文明思想为指导，全面贯彻落实《中华人民共和国生物安全法》和总体国家安全观，充分意识到防控外来入侵物种对保护我国生物多样性的重要意义，努力践行生态环境保护和国家生物安全防控。2021年，广西壮族自治区人民政府划拨专项资金用于保障全区各地市红火蚁防控工作，支持红火蚁防控技术相关研究项目的立项，为红火蚁的可持续治理提供了资金保障。

2020年，桂林市农业科学研究中心专门组织科研人员，在广西区域内开展对红火蚁疫情的考察调研。在摸清各地红火蚁的相关情况并初步研讨防控策略的基础上，桂林市农业科学研究中心申报的广西科技计划项目《红火蚁防控新技术科普小读物的研发及应用》(项目编号：2020AC25001)，在桂林市科学技术局的推荐下，于2021年3月得到广西壮族自治区科技厅的正式批复立项，为后续深入调查研究红火蚁提供了资金和技术方面的支持。

《红火蚁的识别及防控》作为一本科普读物，语言精练，体系完整，既阐明了红火蚁的发生特点和危害，又介绍了监测红火蚁灾情发生、发展的方法，同时用简明扼要的语言向群众普及了红火蚁的识别、防控知识和基本的救护方法，以期举全社会之力最大限度地减小其危害，保障生态环境安全和人民群众的健康。

本项目在前期开展红火蚁调研、防控、药剂筛选试验过程中，得到了广西师范大学教授周善义、广西桂林农业学校高级讲师蒙华贞、广西壮族自治区中国科学院广西植物研究所研究员蒋水元、桂林市植物保护站推广研究员袁辉等专家的现场指导。本书的编写和出版得到了桂林旅游学院教授王熙兰和广西师范大学出版社集团有限公司的大力支持，在此一并表示衷心感谢！

由于红火蚁灾情蔓延迅速，种群繁殖的环境多样又复杂，而课题组实地调研人力有限，科研创新能力尚待进一步提升，因此本书所涉及的科普知识难免缺漏，故我们期盼得到国内外相关专家学者的指点和赐教，以促使本书能在再版时得以充实和完善，从而为国家生态安全和百姓健康作出应有的贡献。

本书编写组
2023年9月

目　录 Contents

第一章

红火蚁的发生特点及危害

一、红火蚁的发生特点

（一）适生性强

红火蚁（*Solenopsis invicta* Buren），属膜翅目（Hymenoptera）蚁科（Formicidae）切叶蚁亚科（Myrmicinae）火蚁属（*Solenopsis*）昆虫，原产于南美洲的巴拉圭、巴西、阿根廷等国家[1]。红火蚁在我国适生性强，主要集中在北纬33.4°以南地区[2]。2023年8月22日，农业农村部办公厅关于印发《全国农业植物检疫性有害生物分布行政区名录》的通知中显示，有12个省（区、市）遭受红火蚁侵害，分别是广东省、广西壮族自治区、云南省、四川省、重庆市、福建省、江西省、贵州省、浙江省、湖南省、湖北省、海南省[3]。

（二）竞争力强

红火蚁是我国农业、林业害虫，是进境植物检疫性有害生物，也是世界自然保护联盟公布的全球100种最具威胁的外来物种之一。该蚁攻击性强，常群体攻击猎物或入侵者，主要以螯针刺入动物皮肤，注射毒液进行危害。在周围生态环境中，大部分节肢动物都可成为其食物，在灾情严重地区，连哺乳动物幼体、禽类的卵和幼体也难逃一劫。据报道，在美国的得克萨斯州，红火蚁经过三年的繁殖，就以其6倍的种群数量替代了当地的热带火蚁。

（三）繁殖能力强

蚁后每天可产卵约1500枚[4]，单个蚁巢平均每年约产生4500头生殖雌蚁。成熟的蚁巢中有10万～50万头蚁，每公顷可形成100～1000个蚁丘。蚁巢近似均匀地分布于环境中，巢间会保持一定距离，覆盖整片生境。

（四）传播速度快

成熟蚁巢可繁殖大量生殖蚁。雌、雄蚁婚飞时高度大、距离远，扩散范围广。新建立的蚁巢在4～6个月发育成熟，开始产生新的生殖蚁，并进入新的飞行、扩散循环。红火蚁在1918～1930年间入侵美国的亚拉巴马州，并以每年近200千米的速度向周围扩散。目前，在美国已经有超过17个州发现有红火蚁入侵[2]。在亚洲，1999年红火蚁首次在我国台湾地区被发现。2004年9月，广东省吴川市发现有红火蚁入侵。之后，红火蚁的入侵范围在国内逐步扩大[1]。截至2023年6月20日，红火蚁已扩散至我国12个省（区、市）的625个县（市、区）[3]，危害面积超过40万公顷，扩散呈加速趋势。广西在2005年只有2个县发现红火蚁入侵，但目前红火蚁疫情已扩散至14个市97个县（市、区）。

（五）蚁巢有单雌型和多雌型

单雌型群体密度一般为80～120个蚁巢/公顷；多雌型群体密度一般为400～1000个蚁巢/公顷。在阳光充足的开阔地区，多雌型群体的扩散距离通常为20～50米/年。

多雌型群体的特点：多雌型蚁群易接纳拥有多蚁后型基因的婚飞后落地的生殖蚁，而杀死拥有单蚁后型基因的婚飞后落地的生殖蚁。多雌型群体单位面积内隆起的土堆更多更密；蚁群中小工蚁较多，而大工蚁较少；工蚁对邻近的蚁群无攻击性；蚁后的个体较小，且产卵量也较单雌型蚁后少。由于多头雌蚁的存在，多雌型蚁群总的产卵数量明显高于单雌型蚁群。

单雌型群体的特点：攻击性较强，不同蚁群之间工蚁争斗激烈，会杀死婚飞后落地的生殖蚁或其他蚁群的蚁后。由于单雌型蚁群防卫行为较强，巢间距较大，蚁巢密度较多雌型群体低。

我国的红火蚁以多雌型群体为主。这意味着，在我国，红火蚁的扩散速度会更快，蚁巢的密度会更大，防控的难度会加大，产生的危害更严重。

（六）喜光喜热

红火蚁喜欢有阳光照射、开阔的空间，并且离不开水。因此，红火蚁筑巢的场所多选在池塘、河流、沟渠旁，长满杂草的田埂，以及农地、荒地、草坪、蔬菜园、苗圃等地。海拔高、气温低、树木茂密的地域，很少发现红火蚁的蚁丘。

在城区，多在公园、绿化带、公路旁、人行道树旁、草地、花园、校园、高尔夫球场等发现红火蚁的蚁丘。由于电子设备散发热量，还经常在电子设备（如空调外机、交通信号控制箱、配电箱等）中发现红火蚁大量滋生。

二、红火蚁的危害

（一）对社会生活和人类健康的影响

1. 影响社会生活

在农村、城市生活区，红火蚁攻击人、畜、禽，被其螯伤、咬伤事件时有发生。在个别农村地区还会影响村民的正常生活，如某村民躺在床上被红火蚁叮咬。在公园、小区和工业园等区域，红火蚁伤害市民或工人的事件越来越多，城市居民不敢到有红火蚁发生的休闲区域活动，也不敢到有红火蚁发生的农区观光旅行，严重影响了居民的社会生活[5]。

2. 危害人类健康

被红火蚁攻击后，有如烧伤般疼痛感，8～24小时后多会出现水泡。大多数人仅有疼痛感，而少数人由于对毒液中的毒蛋白过敏，会发生过敏性休克甚至死亡。被叮咬后的水泡、脓包破裂，如不注意个人卫生，则易引起细菌二次感染。在美国的南卡罗来纳州，每年约有33000人因被红火蚁叮咬而需就医，其中有15%的人会发生严重的局部过敏反应，2%的人会发生严重系统性反应从而造成过敏性休克。据统计，桂林市2020年被红火蚁叮咬人数达20205人，送医治疗2208人。

2006年6月4日下午，东莞市某镇医院收治一名被蚂蚁叮咬的患者，经抢救无效死亡。同年6月28至29日，东莞市疾病预防控制中心会同广东省疾病预防控制中心及事件发生地的镇医院共同对这起蚂蚁叮咬致人死亡事件进行了调查，确定此为一起被红火蚁叮咬后产生过敏性休克致死事件。

（二）影响农业生产

1. 危害农作物

红火蚁会严重危害大豆、柑橘、玉米、甘蓝、黄瓜、茄子、马铃薯、甘薯、花生、高粱等作物，取食作物的种子、果实、幼芽、嫩茎与根系，给农作物造成相当程度的破坏。例如，在红火蚁发生区，作物出苗稀少；红火蚁会直接取食甘薯，导致甘薯产量下降5%～30%；经在桂林调查，红火蚁在干旱季节会取食柑橘幼树根、茎，影响柑橘生长。红火蚁与一些害虫有“共生”现象，因群体生存、发展需要大量糖分，工蚁在作物幼嫩区上“放牧”蚜虫、蚧壳虫等产蜜昆虫，造成红火蚁发生区蚜虫、蚧壳虫危害严重的情况。

2. 影响畜牧养殖业

红火蚁入侵养殖场、养蜂场，会影响畜牧业及养蜂产业等。幼畜（禽）不小心踩踏到蚁巢，会被红火蚁攻击。因被大量红火蚁叮咬，幼畜（禽）的口鼻、腿蹄、胸部等部位会出现大量脓包，造成产乳、产肉量降低。红火蚁一旦主动攻击幼畜(禽)，还会造成幼畜(禽)死亡。

3. 影响农事操作

在红火蚁发生较严重的农区，因伤人事件持续发生，农民不愿下地下田进行农事操作，导致发生区域的田地撂荒。

（三）损坏公共设施

由于红火蚁喜欢电磁波和电器的热量，常把蚁巢筑在户外或室内电气设备中，如供电箱，电话、网络机箱，交通机电设备箱，机场跑道指示灯，空调器，油井、水井的电泵，汽车的电子系统，堤坝、灌溉系统，等等。它们咬坏电线和设备，严重破坏公共设施[5]。

（四）破坏生态平衡

由于天敌的缺乏，红火蚁种群扩张较快，

破坏生境中原有的生态平衡。红火蚁取食农作物约60种，野生花草的种子约150种。红火蚁会攻击和捕食昆虫、蚯蚓、青蛙、蜥蜴、鸟等动物，排除入侵地的其他生物种群，造成入侵地单位面积内其他生物数量减少和生物多样性降低，对该生态系统的食物链造成灾难性破坏。据调查，红火蚁发生区的蚯蚓、青蛙数量很少。

同时，为防治红火蚁而大量使用的化学农药被发现存在中高毒物质或残留问题，污染生态环境。例如，氟虫胺及其代谢产物（全氟辛烷磺酸）毒性高且不易分解，对环境和人畜都有危害，2009年被列入《关于持久性有机污染物的斯德哥尔摩公约》受控清单，我国曾用于防治红火蚁，后于2020年禁用。

第二章

红火蚁的识别

一、生物学特性

（一）形态特征

1. 整体

体色通常为红色、红棕色至深棕色，腰部具2个结节。

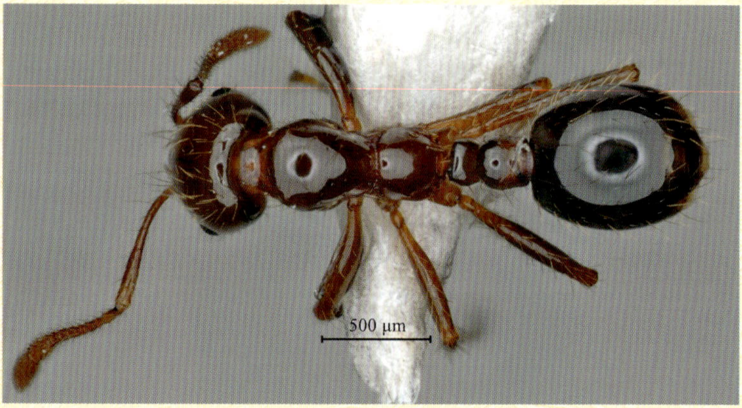

红火蚁工蚁背面观

2. 触角

触角10节，端部棒节共2节。

红火蚁小型工蚁头部正面观

3. 颚部

上颚具4个明显的齿；唇基中齿明显。

红火蚁大型工蚁头部正面观

4. 典型特征

腹末具一个针刺。

红火蚁大型工蚁侧面观

5. 形态

有卵、幼虫、蛹、成虫四种形态。

（1）卵。乳白色，体长0.23～0.30毫米。

红火蚁的卵

（2）幼虫。

红火蚁幼虫分4龄，乳白色，1～2龄体表光滑，3～4龄体表有短毛，体长1.6～6.0毫米。

红火蚁的幼虫

（3）蛹。初为乳白色，后变为黄褐色至更深。

红火蚁的蛹

（4）成虫

成虫分为工蚁、生殖雌蚁、雄蚁、蚁后。

工蚁：工蚁数量最多，在一个蚁巢内个体大小相差悬殊，2.4 ~ 7.0毫米不等，这是红火蚁的一个显著特点。

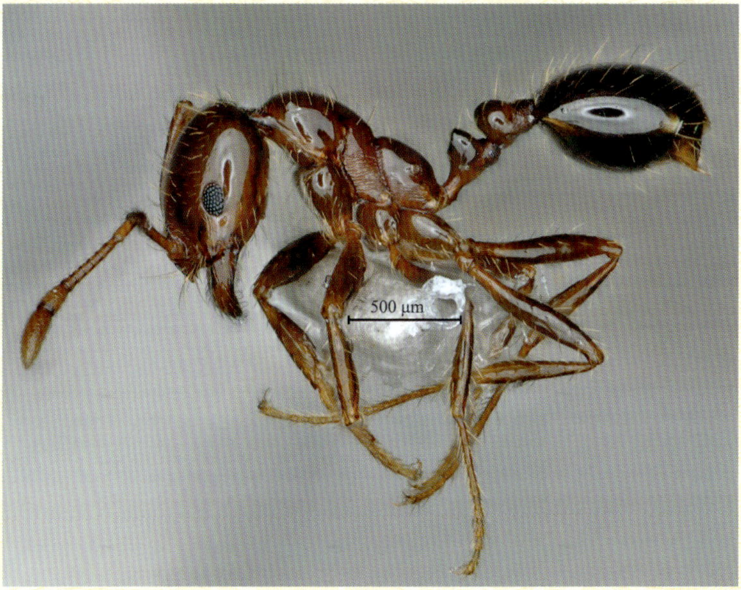

红火蚁小型工蚁侧面观

生殖雌蚁：头和胸部棕褐色，腹部黑褐色，有翅2对，头部细小，胸部发达，前胸背板隆起，体长8.0～10.0毫米。

红火蚁生殖雌蚁侧面观

雄蚁：体色黑色，有翅2对，头部细小，胸部发达，前胸背板隆起，体长7.0～8.0毫米。

红火蚁雄蚁侧面观

蚁后：生殖雌蚁婚飞交配后落地，翅脱落，开始筑巢、产卵，成为蚁后。蚁后的体形可随寿命的增长而不断增大。

红火蚁蚁后背面观

红火蚁蚁后在巢中的生活状态

（二）蚁巢特征

蚁巢隆起高出地面的部分称为蚁丘。蚁丘的特点及主动攻击入侵者的行为，可以作为快速识别红火蚁的方法之一。

（1）成熟蚁巢的蚁丘高10～30厘米，甚至可以达到60厘米，底部直径为30～50厘米[6]。其他蚂蚁种类的蚁丘不会高出地面10厘米。

红火蚁的蚁丘（1）

红火蚁的蚁丘（2）

（2）入侵红火蚁族群在成熟前的蚁丘并不明显。

红火蚁族群未成熟的蚁丘

（3）蚁丘的一个明显特征是它没有明显的入口或者出口。红火蚁通过从蚁巢向外发散的地下隧道进入或离开小丘。这些隧道可达10米长，有时甚至会达到30米以上。

红火蚁蚁丘上没有明显的出入口

（4）蚁巢内部呈蜂窝状，蚁巢内部由许多相互连接的长廊组成。

红火蚁蚁巢的蜂窝状结构

（三）主动攻击特征

在野外，主动攻击行为可以作为迅速判断其为红火蚁的参考方法之一。

（1）用小木棍在蚁丘附近击打地面，蚁巢受到惊扰，巢内大小工蚁迅速外出，四处搜寻入侵者，并进行攻击。

模拟蚁丘遭受惊扰的情形

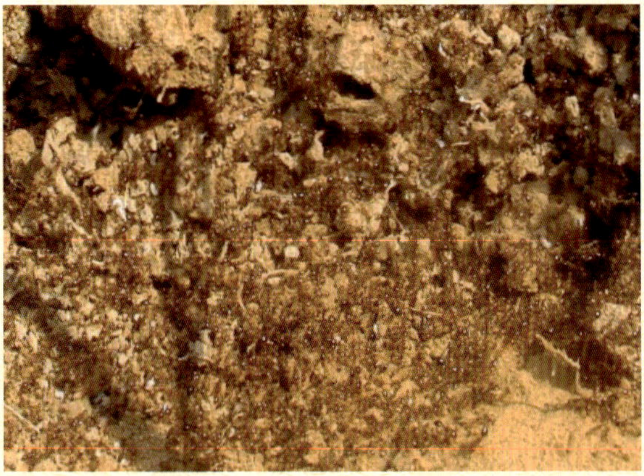

红火蚁蚁巢受惊扰，工蚁迅速外出

（2）用树枝插入蚁巢，10秒内就会有大量红火蚁爬上树枝，并不断叮咬、螫刺，攻击性很强。

红火蚁迅速攻击树枝

（3）当工蚁活动受到人、动物干扰时，会迅速攻击，以上颚咬住对方的皮肤，以螫针连续多次刺伤动物、人体，并释放毒液。

（四）人体受害特征

人体被红火蚁叮咬后会有烧伤般疼痛感，随后会出现如烧伤般的水泡，叮咬处有可能化脓形成脓包。被红火蚁螫刺后，多数人仅有疼痛感，少数人尤其是过敏体质人群对毒液中的毒蛋白过敏，可能产生严重过敏反应，如头晕、发热、无法说话，甚至休克、死亡。

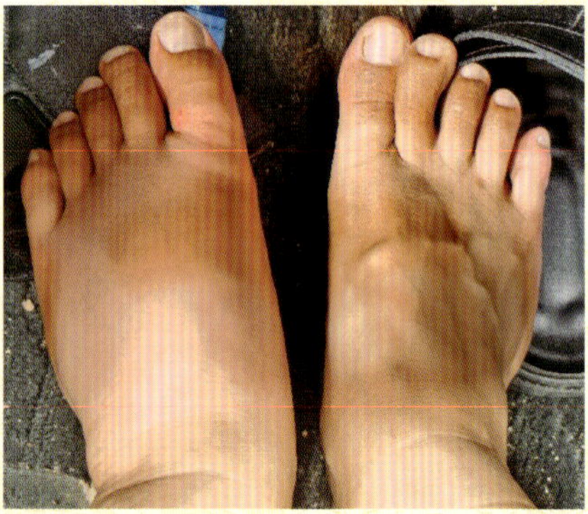

被红火蚁叮咬 30 分钟后

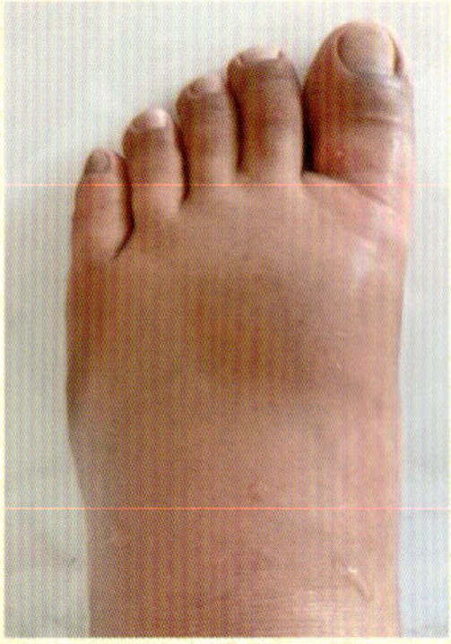

被红火蚁叮咬 12 小时后

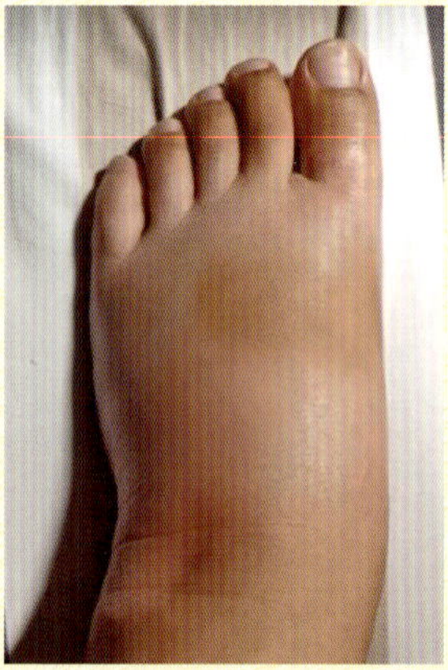

被红火蚁叮咬 18 小时后

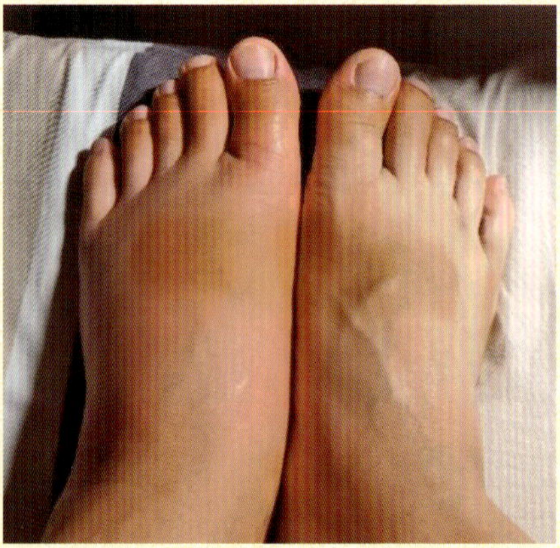

被红火蚁叮咬 24 小时后

二、生活习性

（一）生活史

红火蚁整个生活史分为卵、幼虫（1～4龄）、蛹、成虫四个阶段。蚁后产卵，卵孵化为幼虫（绝大部分为工蚁幼虫，少数为生殖蚁幼虫），幼虫从1龄发育到4龄，4龄幼虫化蛹（绝大部分为工蚁蛹，少数体型大者为生殖蚁蛹），蛹羽化为成虫（大量工蚁和少量生殖雌蚁、雄蚁）。工蚁为不具生殖能力的雌蚁，分为小型工蚁（体长约3毫米）、中型工蚁（体长4～5毫米）、大型工蚁（体长6～7毫米）。

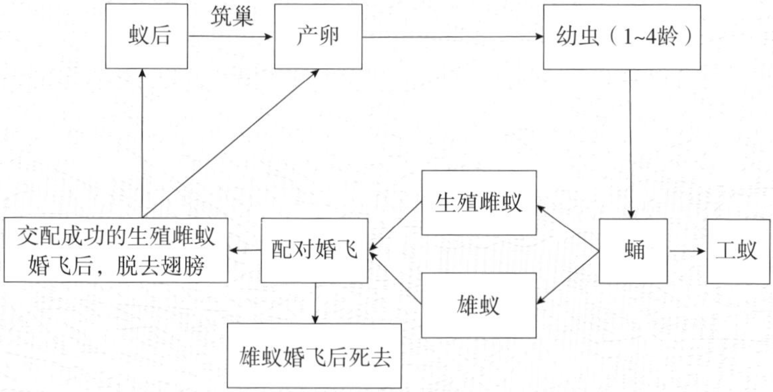

红火蚁的生活史

（二）种群的社会分工

红火蚁是社会性昆虫，其成熟的蚁群个体数量为几万到数十万头，由数量众多的工蚁、几百头有翅的生殖雌蚁和雄蚁、一头（单蚁后型）或多头（多蚁后型）蚁后，以及较多处于生长发育阶段的幼蚁（卵、幼虫、蛹）组成。红火蚁的族群中4种成虫的社会分工明确。

1. 工蚁

工蚁是不具生殖能力的雌蚁，其职能由其龄期、大小和蚁巢的需要决定，主要职能是照料幼蚁、生殖蚁、蚁后，修建蚁巢、觅食、防卫等。新羽化的工蚁承担着保育幼蚁、喂食蚁后和巢内其他成员的职责。随着工蚁龄期不断增长，其职责转变为维护、清洁和保卫蚁巢等。蚁龄最长的工蚁则成为兵蚁。工蚁可活1~6个月。

2. 生殖雌蚁和雄蚁

成熟的蚁巢会产生一些有翅的生殖雌蚁和雄蚁，它们不参加劳动，专司交配，雄蚁的作用就是与生殖雌蚁交配。交配后不久，雄蚁便死亡，而生殖雌蚁翅脱落后，建立新蚁巢成为蚁后。

3. 蚁后

蚁后是整个蚁群的中心，专司繁殖，调控蚁群活动。其职能是每天产卵约1500枚[7]，其中未受精卵发育成雄蚁，受精卵发育成不育的雌蚁（工蚁）和有翅的生殖雌蚁。蚁后还通过释放外激素来调控工蚁的行为。蚁后可生存7年以上。蚁后对整个蚁巢的生存起着关键作用。

（三）繁殖

当环境条件如温度、湿度合适时生殖雌蚁便开始婚飞。在桂林，2～11月都可发现红火蚁的有翅生殖雌蚁、雄蚁，婚飞高峰期为4月和5月，其次是8～11月。有翅生殖雌蚁、雄蚁在空中完成交配。生殖雌蚁所获得的精子存于储精囊中，供其终生产卵受精使用。雄蚁一旦交配完成便会死去，生殖雌蚁则落地寻找合适的巢址。这时的生殖雌蚁特别脆弱，最终只有较少部分生殖雌蚁能最终存活下来，建立新蚁群。

在建巢最初的24小时内，成为蚁后的生殖

雌蚁只产10～20枚卵。6～10天后这批卵便可孵化，新孵化的幼虫须经历12～14天（4个龄期）后化蛹，再经过9～16天蛹期，新的红火蚁成虫便出现。推算下来，从卵到成虫大约需要一个月。蚁后继续不断产卵。刚羽化的工蚁管护、扩展蚁巢并收集食物。由于蚁后每天产卵量大，蚂蚁数量迅速增加，在12个月之后，一个蚁群常常有超过10万头工蚁。

红火蚁多蚁后型的蚁群是由婚飞后两至数头生殖雌蚁聚群筑巢，或融入原蚁群，或由原蚁群分巢、迁移建立而成的。

（四）活动温度

红火蚁耐受最低温度为3.6 ℃，最高温度为40.7 ℃，工蚁觅食时可耐受更高的温度，在气温为11～42 ℃时，工蚁均可外出至地面觅食。低温度比高温度更能限制红火蚁的觅食行为。当气温在11 ℃以上时，红火蚁才开始觅食；当气温达19 ℃时，红火蚁才会不间断地觅食；当气温在20～35 ℃且地面比较干燥时，红火蚁觅食行为更活跃。通常在凉爽季节的白天（尤其是中午）以及炎热季节的清晨、傍晚和夜间，红火蚁工蚁外出觅食比较积极；当土壤很湿或很干时，红火蚁工蚁活动减少。干旱后的一场雨会刺激红火蚁2～3天的筑巢活动和觅食活动增加。春天周平均土壤温度（地表层下5厘米深处）升高到10 ℃以上，蚁后开始产卵；当土壤温度达到20 ℃以上时开始出现化蛹，达到22.5 ℃以上时开始出现羽化。当气温在24～32 ℃，相对湿度为80%的条件下，婚飞在上、下午均可进行。婚飞通常发生在雨后晴朗、温暖的中午时分。

（五）取食

红火蚁属杂食性昆虫，能取食植物、小动物（如昆虫），也取食动物尸体。工蚁在比较温暖的天气寻觅和收集液体、固体食物，通常将液体装在嗉囊内运输，回巢后吐出并储存起来，用于喂养保育蚁，保育蚁则喂养同窝幼蚁和蚁后。红火蚁幼虫有4个龄期，前3个龄期的幼虫可喂食液体食物，第4龄幼虫则喂食固体食物，如昆虫的组织。第4龄幼虫把固体食物分解成蛋白质液体，然后反刍给保育蚁，保育蚁通过交哺方式给低龄幼虫（1～3龄）和蚁后分发消化后的蛋白质液体。蚁后依靠消化后的蛋白质液体等营养来维持生存和产卵的需要。只要食物充足，蚁后就能保持其强大的产卵能力。

（六）传播扩散途径

入侵红火蚁的扩散传播包括自然扩散和人为传播。

1. 自然扩散

（1）生殖蚁飞行扩散，是主要的扩散方

式。成熟蚁巢全年都有新的生殖蚁形成，生殖雌蚁、雄蚁爬至杂草等上部（见下图），飞到90～300米高的空中进行婚飞交配[7]，当完成交尾后，大部分雌蚁可飞行数百米，极少数还可以在飞行3000～5000米后降落至寻觅筑巢的地点。如有风力的协助，则可扩散至更远，最远数据可达16千米。

交尾过程中的红火蚁

（2）随流水扩散，是远距离扩散的方式之一。雨水丰富的地区，对于红火蚁扩散有一定帮助。当水面上升，它们形成团状漂浮在水面上，并可存活数周，直到水位回落或漂流到岸。蚁后带着工蚁上岸筑巢、定殖。

（3）随迁巢、分巢、搬巢移动。红火蚁会迁移巢穴，迁移的距离为 1 ~ 10 米，大部分迁移距离为 3 ~ 5 米，迁移方向随机。而多后型蚁群经常采用分巢的方式建立新群体，也就是一部分蚁后带领一部分工蚁离开原来的巢穴，在附近寻觅合适的地址建立新巢。蚁巢环境条件变恶劣或经常受到干扰，红火蚁也会通过短距离移动进行搬巢。

路边搬巢后的红火蚁巢

2. 人为传播

红火蚁还会通过从疫区调入苗木、花卉、草皮、土壤、堆肥、被污染的园艺农耕机具设备、加工垃圾和染疫原材料等进行长距离传播。

第三章

红火蚁的调查监测

在广西，调查一般选择在3～11月（气温在20～32 ℃）进行。

调查用具：温度计、皮尺、镊子、铁丝(插入蚁巢用，长约80厘米)、记录工具、滑石粉、定位设备、蚁巢标识物、诱捕瓶、诱饵、标本瓶、乙醇等。

注意：红火蚁调查监测时要有专人指导，充分进行个人防护，如戴胶手套、穿长筒雨靴，并在上面涂抹滑石粉。

一、未发生区监测方法

（一）访问调查

采取询问的方法向当地居民和村卫生室调查是否有人被蚂蚁咬过、咬后症状等；询问农事及绿化操作人员是否见过隆起的蚁巢等；询问管理人员是否从红火蚁发生区调入高风险物品。随后对询问过程发现的红火蚁可疑存在地区进行重点深入调查。一旦确定是红火蚁，则询问发生危害情况，分析、获取蚁害的传播扩散来源、时间及原因等。

每个社区或行政村配备询问调查成员10名以上，记录蚁害调查时间、地点。

（二）实地目测调查

1. 步行目测

以乡镇、社区、行政村为单位选定有代表性的调查区域，每类型调查地块不少于10个，每个调查区面积大于200平方米[8]。调查是否有可疑蚁巢。重点调查红火蚁发生风险高的地点，如公园、学校及住宅区的草坪、荒地、田埂、水源旁、堤坝、路边、垃圾堆，以及废旧物资回收、加工厂等场所。观察蚁巢形状、蚂蚁体形、体色及是否具有群体攻击性等特性。

可疑蚁巢

2. 开车目视法

主要用于视野开阔、易于观察的公路两旁的调查。行车时速须在20千米/时以下。每5千米随机调查3次，每次调查200米长路段。重点观察公路两侧草坪、绿化带、荒地、田埂、树木、电线杆基部等地点是否有隆起的蚁巢。

路边的红火蚁蚁巢

如发现可疑蚁巢则下车检查，观察蚂蚁体形、体色，随后用铁丝插入蚁巢5～10厘米，看蚂蚁是否表现为迅速出巢的攻击行为。随后，迅速采集标本，并将标识物插于其旁，标定位置。

注意：此为专业调查人员调研行为，已经

做好必要防护措施，无防护措施的普通市民不可使用此方法调研红火蚁的相关情况。

（三）诱饵诱集

1. 诱饵的选用

诱饵采用专用灭蚁诱饵或火腿肠。把诱饵投入诱捕瓶中对红火蚁进行诱捕。

2. 投放诱饵

诱饵投放要考虑覆盖整个调查区域。村庄、社区等每个类型地块按方格式设置诱饵，放置时优先考虑红火蚁经常活动的生境点，每个类型地块要达到50平方米，放5个诱捕瓶，两诱饵间距10米。每个村庄或社区设置诱饵不少于50个，并覆盖整个调查区域。

在气温为20～32 ℃，无雨，上午8时至下午4点之间放置诱捕瓶，30～60分钟后收回。

3. 调查

每天观察1次，并更换诱饵，连续观察5天（雨天除外）[9]。对诱集的蚂蚁进行形态学观察，如发现可疑蚂蚁则结合周围蚁巢形态和蚁伤群众等情况进行跟踪调查，同时采集蚁巢内蚂蚁的样本。

（四）样本采集与鉴定

将上述调查中收集的可疑蚂蚁，用70%的医用乙醇浸泡杀死，注明采集时间、采集地点、生境、采集人。同一地点采集的蚂蚁集中于一个标本瓶。采集可疑蚂蚁标本数量应多于50头，并将样本送至有相关资质的单位进行鉴定。

二、发生区监测方法

（一）发生范围监测

和未发生区监测方法一样。采用访问调查、实地目测调查、诱饵诱集、样本采集与鉴定等四种方法对发生区进行监测。

（二）活蚁巢密度调查

在发生区采取抽样调查法。抽样面积在1.3万平方米以上。在发生区中心向外不同的方向选择有代表性的不同生境，如农田、荒地、林地、绿化带等，每个生境不小于2000平方米。发现有活蚁巢要做好标记，调查结束后应记录调查面积、活蚁巢数量，计算活蚁巢密度。开展红火蚁防控示范时，在每次防治前后都要各调查一次活蚁巢密度。活蚁巢密度是确定防治效果的指标之一。

（三）发生动态监测

将火腿肠制成厚度1厘米、直径2厘米薄片，放入诱捕瓶中。在红火蚁发生区域，设置3个以上监测点，每个监测点放置5个诱捕瓶，瓶间距10米。30分钟后收集瓶中蚂蚁进行鉴定和计数。

（四）红火蚁发生程度分级[10]

1. 以单位面积活蚁巢数作为分级标准（个/667平方米）

1级：轻，每667平方米活蚁巢平均数量小于等于1个。

2级：中，每667平方米活蚁巢平均数量大于1个小于等于5个。

3级：中偏重，每667平方米活蚁巢平均

数量大于5个小于等于10个。

4级：重，每667平方米活蚁巢平均数量大于10个小于等于50个。

5级：严重，每667平方米活蚁巢平均数量大于50个。

2. 以诱集工蚁头数作为分级标准（每667平方米设置10个诱捕瓶，计算平均数）

1级：轻，每个诱捕瓶红火蚁平均数量小于等于20头。

2级：中，每个诱捕瓶红火蚁平均数量大于20头小于等于100头。

3级：中偏重，每个诱捕瓶红火蚁平均数量大于100头小于等于150头。

4级：重，每个诱捕瓶红火蚁平均数量大于150头小于等于300头。

5级：严重，每个诱捕瓶红火蚁平均数量大于300头。

第四章

红火蚁的防控和基本救护方法

一、加强检疫

1. 检疫管理

（1）落实产地检疫制度。在苗木、花卉、草皮等生长期间定期检查种植场地及周边环境，观察是否有红火蚁出现。

（2）严格调运检疫管理。严格限制从红火蚁发生区调运垃圾、土壤、草皮、干草、盆栽植物、带土植物、运土设备等。检查、监测入境交通工具，严防红火蚁的人为传播扩散。

（3）加强对公园绿化带、新建绿地、道路沿线的监测调查以及种苗花卉市场检疫检查，对新发疫情及时进行除害处理。

（4）加强对流经疫区的江边、河堤的巡查，彻底清除沿岸蚁巢，防止红火蚁随水流传播。

（5）加强红火蚁发生区疫情控制宣传培训工作，提高群众防疫意识，使群众自觉采取行动阻止疫情扩散。

2. 检疫处理药剂与使用方法

（1）药剂处理。一旦发现调运的货物、包装物、运输工具等有红火蚁侵入的迹象，必须使用药剂对其进行全面处理。对带土的苗木、花卉、盆景、草皮等可使用阿维菌素、氯氰菊酯、联苯菊酯、氯吡硫磷（毒死蜱）、敌敌畏等药剂，采用喷雾、浸液或浇灌等方法进行处理。

注意：由于药剂有毒性，在使用药剂时，需小心操作，确保人身安全。

（2）熏蒸处理。用溴甲烷可熏蒸处理红火蚁的传播介体，如介质土、有机覆盖物、土壤、泥炭、干草、农业机械和集装箱等。

（3）对交通工具、货柜等可采取喷施药剂处理或熏蒸的方法进行灭蚁消毒。

二、清理红火蚁滋生环境

1. 住宅区

做好清洁卫生。不要在居室、住房地面和角落处堆放杂物，经常清除垃圾和食物残渣，铲除杂草并疏导排水沟，尽量减少适宜红火蚁生活的环境条件。

2. 耕地、园林绿化带

清除耕地周围的杂草、灌木和肥堆。及时清除枯枝落叶和垃圾，铲除人行道树干基部的杂草。

3. 垃圾处理

不要在野外和住宅区随便抛弃、堆放垃圾废品。疫区内清理的垃圾可采取高温堆沤的方法就地处理，禁止外运，以防疫情传播。

三、药剂防治技术

1. 毒饵诱杀法

防治红火蚁的首要目标是杀灭蚁后，进而灭除整个蚁群。布施毒饵后，工蚁会将毒饵搬运回蚁巢，通过“交哺”方式，将药剂逐步传至幼虫、其他工蚁、繁殖蚁和蚁后，从而达到消灭整个蚁群的效果。

采用毒饵诱杀的最佳时间是4～5月和9～10月，气温在25～28 ℃，天气晴好，地表干燥。按每个蚁巢10～20克的剂量在蚁丘周围10～50厘米处呈点状、环状撒施，也可在蚁丘表面撒施。如果蚁巢直径大于40厘米，应适当增加药量。应注意，投药时不得扰动蚁巢，防止红火蚁扩散重新建巢。首次投药7天后对蚁巢进行检查，仍有红火蚁活动再补充投饵。

自2019年，桂林市采取使用毒饵来防治红火蚁。在防治过程中科研人员发现，茚虫威、氟虫腈、氟蚁腙、吡虫啉等饵剂在发生区第一次用药对红火蚁的防治效果都很好[5]。但是，一旦第一次防治不彻底，还留有活蚁巢，第二次再用同样饵剂诱杀时，红火蚁会产生拒食行为，导致防控效果不理想。因此使用毒饵防治红火蚁时，建议实施饱和投饵，从而达到消灭整个蚁群的效果。对已投放毒饵的蚁巢要插上标志物，做好标记和记录，以便后期药效调查。

对于蚁巢密度大、分布普遍的发生区，可采取普遍撒毒饵的方法进行防治，撒毒饵时要覆盖所有的发生区。当发生区范围过大时，也可采用布施器、飞机等进行大范围布施毒饵。若投药后6小时内有降雨，需在地表干燥后补施毒饵。

2. 触杀性粉剂处理法

（1）用药条件。触杀性粉剂处理应选择在气温为15 ℃左右，地表干燥的情况下用药，避开雨天、地面潮湿、风力大的情况。防水型粉剂可在地面潮湿、小雨时使用。

（2）使用方法。触杀性粉剂可用于防治较明显的蚁巢。温度越低，粉剂对蚁丘破坏程度越大，如20 ℃以上，可破坏1/3 ~ 1/2；15 ~ 20℃，可破坏1/2 ~ 2/3。施药前，先破坏蚁巢地面以上大于1/3处。待工蚁大量涌出后迅速将药粉撒施于工蚁身上。撒药要快速、细致，让尽量多的工蚁沾上药粉，使药粉尽量多地粘到工蚁身上，通过带药工蚁个体之间的接触，传递药物，通过交哺传递给幼蚁、蚁后，进而杀灭全巢蚂蚁。施药也可选用红火蚁粉剂喷粉机。

触杀性粉剂处理法也可用于经过毒饵诱杀后蚁群还剩余零散个体的情况，将药粉撒施于零散活动的工蚁身上，通过带药工蚁个体之间的接触，传递药物，进而杀灭全部残蚁。

3. 药剂灌巢法

（1）用药时间。在凉爽季节的早晨，蚁群中大部分个体聚集在地表附近，此时适宜灌巢；当气温过低（冬季）或者气温过高（夏季）时，蚁群易转移至土壤深层，此时不适宜灌巢。

（2）灌巢方法。药剂灌巢是将触杀性药剂配成药液浇灌到蚁巢内，通过接触传毒杀死红火蚁。将菊脂类药剂按使用说明配制成药液，先围绕蚁巢周围外30厘米向内浇一圈药液，预防地面红火蚁逃离，然后将药液由蚁丘顶部慢慢灌入蚁巢，使药液完全浸湿蚁巢土壤并渗透到蚁巢底部。根据蚁巢大小确定药液用量，保证充分灌透整个蚁巢。一般每巢药液用量为10千克以上，根据蚁巢大小适当调整药液用量。

（3）优缺点。优点是药剂灌巢作用效果迅速，主要适用于对人体健康、重要设施等产生严重威胁，亟须处理的发生区域。缺点是易污染环境，主要杀死的是工蚁，一旦防治不彻底，极易引起红火蚁扩散，须慎用。

4. 二阶段处理法

在红火蚁高密度发生区域，可采用撒施毒饵与0.2%氯氰菊酯配合使用的二阶段处理法，即先在红火蚁的蚁巢及觅食区散布饵剂，10～14天后再用接触性杀虫剂单独处理蚁巢，如此反复处理，直到问题解决。二阶段处理法建议每年处理两次，在4～5月处理第一次，在9～10月处理第二次。

5. 新二步防治法

第一步全面防治。在红火蚁高密度发生区域全面布施毒饵，在低密度发生区域局部点状施用毒饵，在蚁巢明显且易到达区域施用粉剂灭巢。

第二步重点防治。在活蚁巢和工蚁分布地点补施毒饵，或补施粉剂消灭明显蚁巢。选用茚虫威饵剂、高效氯氰菊酯粉剂，施用后15天补施一次[11]；选用氟蚁腙饵剂，施用一个月后补施一次。

6. 药剂防控效果评估

防控效果根据发生分布范围调查、活蚁巢密度调查、工蚁密度调查和危害程度调查的结果，进行综合评价。施药前1～2天调查一次基数，包括活蚁巢数（密度）和诱集到的工蚁数量。茚虫威饵剂、高效氯氰菊酯粉剂施用后15天补施前调查一次，氟蚁腙饵剂施用一个月后补施前调查一次。

依照《（GB/T 17980.149-2009）农药　田间药效试验准则（二）第149部分：杀虫剂防治红火蚁》[12]中“药效计算方法”，根据防控前后活蚁巢数量（密度）和工蚁数量（密度）调查结果，计算活蚁巢防治效果、工蚁防治效果。具体计算方法如下：

$$活蚁巢防治效果（\%）=1-\frac{药前对照区活蚁巢数 \times 药后处理区活蚁巢数}{药后对照区活蚁巢数 \times 药前处理区活蚁巢数}\times 100$$

$$工蚁防治效果（\%）=1-\frac{药前对照区诱捕瓶中平均工蚁数 \times 药后处理区诱捕瓶中平均工蚁数}{药后对照区诱捕瓶中平均工蚁数 \times 药前处理区诱捕瓶中平均工蚁数}\times 100$$

防治效果达到95%及以上为优秀，85%～94%为良好，70%～84%为中等，70%以下为差。

7. 防控的药剂

目前，国内外防治红火蚁危害的主要措施仍然是使用化学杀虫剂。现已开发出多种类型的化学杀虫剂，并得到广泛应用。截至2023年11月，我国正式登记用于防治红火蚁的产品共计66个，其中包括54个单剂和12个混配制剂。单剂有效成分主要为茚虫威、氟虫腈、氟蚁腙、高效氯氰菊酯、呋虫胺、氯氰菊酯、多杀霉素和吡虫啉；混配制剂有效成分主要是茚虫威·氟蚁腙、多杀霉素·氟蚁腙、氰氟虫腙·硼酸、氯菊酯·残杀威、联苯菊酯·噻虫嗪、高效氯氰菊酯·茚虫威、呋虫胺·茚虫威、吡虫啉·茚虫威、吡虫啉·氟蚁腙和吡虫啉·毒死蜱。按剂型分为饵剂、粉剂、饵粒、可湿性粉剂、颗粒剂、乳油、悬浮剂，共7种，其中饵剂47个，占比71%，剂型较为集中。

四、其他防治技术

1. 受体干扰

受体干扰是一种新型的非化学技术的红火蚁防控手段，它干扰、破坏红火蚁进食、消化和发育，以达到防控目的。

2. 天敌防治

（1）蜻蜓可捕食婚飞的红火蚁生殖蚁。

（2）应用原生动物和寄生蚤蝇防控。国外已研究出利用天敌防治红火蚁的方法，并取得初步的实验成果，但该技术仍未达到成熟阶段。来自南美洲红火蚁原生地的原生动物和红火蚁寄生蚤蝇被认为具有有效控制红火蚁种群密度的潜力。研究发现，原生地的原生动物具有明显的专一性，只感染红火蚁和黑火蚁，而并不感染当地其他蚂蚁种类；红火蚁寄生蚤蝇具有明显寄主专一性，仅寄生红火蚁。

注意：引进外来生物有可能导致我国新的生物灾害。使用外来物种对红火蚁进行防控，会给我国造成潜在生态风险。所以，在没有经过有关部门组织相关领域专家展开充分调研、评估并达成共识前，不能私自使用该方法。

五、防范红火蚁叮咬及基本救护方法

（1）不要在红火蚁发生区较长时间活动、停留。发现疑似红火蚁蚁巢后不要随便触动，不要踩踏，更不要用手去触摸、捉捕红火蚁，儿童更要远离红火蚁及其蚁巢。

（2）在红火蚁发生区田间劳作或调研时，

要注意做好安全防护，穿塑胶长筒靴，戴乳胶手套。

（3）被红火蚁叮咬后，先用清水或肥皂水清洗被叮咬部位，可涂用药物，如清凉油、皮康霜、青草油等，缓解症状。

（4）人体被红火蚁叮咬后有烧伤般疼痛，会出现瘙痒、红斑、丘疹、风团、白色小脓包。伤口出现脓包时，千万不要用手将伤口挠破，以免引起继发感染。如出现较大面积红斑、皮疹等，应在医生指导下口服抗组胺药等进行治疗。

（5）少数人群对红火蚁毒液中的毒蛋白过敏，被叮咬后会出现全身瘙痒、面部红肿、发热、头晕、发麻，或表现为喉头水肿、支气管痉挛、胸闷气短、呼吸困难、全身荨麻疹、心动过速、意识障碍等症状，严重时会出现过敏性休克，有死亡的风险。该类人群被叮咬后应及时到医院就诊治疗，必要时拨打120急救电话请求帮助，并告知病因。

参考文献

[1] 杨志刚，王小松，郭迪金，冯波. 红火蚁的危害分析及生物防控技术 [J]. 植物医学，2023，2(3)：51–58.

[2] 钟平生，李灿荣. 惠州学院金山湖校区红火蚁疫情调查及其防控 [J]. 惠州学院学报(自然科学版)，2009，29(6)：34–38.

[3] 农业农村部. 农业农村部办公厅关于印发《全国农业植物检疫性有害生物分布行政区名录》的通知，农办农〔2023〕26号，2023年8月22日.

[4] 李加芬. 红火蚁防控措施 [J]. 云南农业，2021，(4)：58–59.

[5] 潘运方. 红火蚁对水利水电工程的危害及其防治对策 [J]. 广东水利水电，2013，(9)：1–7，17.

[6] 张宏军，黄岚，孙艳萍，陶岭梅. 我国红火蚁防控药剂登记管理情况分析 [J]. 农药科学与管理，

2022，43(8)：6-12，16.

[7] 张燕雄.红火蚁生物学特性分析及综合防治措施探讨 [J].农业灾害研究，2021，11(10)：176-177.

[8] 刘锦钧，黎伟强，李植荣，冯向阳.广西梧州市苍海公园红火蚁侵害状况调查 [J].中华卫生杀虫药械，2016，22(3)：295-297.

[9] 陈宜雪.平潭综合实验区主岛红火蚁疫情调查 [J].植物检疫，2020，34(2)：77-80.

[10] 全国农业技术推广服务中心.全国农技中心关于加强全国农业植物疫情信息报送工作的通知，农机植保函〔2021〕6号，2021年1月12日.

[11] 柳跃泽，张莉丽，黄俊，张娟，许益鹏，李晓维，刘又高，章金明，张治军，吕要斌.红火蚁蚁巢采集及转移方法 [J].浙江农业科学，2022，63(9)：2079-2081，2085.

[12] 农药　田间药效试验准则（二）第149部分：杀虫剂防治红火蚁 [S]. 2009.

[13] 农向群，王广君，王以燕，张蕾，高琼华，于永浩.白僵菌和绿僵菌作为防控红火蚁生物农药的潜力及前景 [J].中国生物防治学报，2023，39(2)：453-461.